essentials

Essentials liefern aktuelles Wissen in konzentrierter Form. Die Essenz dessen, worauf es als „State-of-the-Art" in der gegenwärtigen Fachdiskussion oder in der Praxis ankommt. Essentials informieren schnell, unkompliziert und verständlich

- als Einführung in ein aktuelles Thema aus Ihrem Fachgebiet
- als Einstieg in ein für Sie noch unbekanntes Themenfeld
- als Einblick, um zum Thema mitreden zu können

Die Bücher in elektronischer und gedruckter Form bringen das Expertenwissen von Springer-Fachautoren kompakt zur Darstellung. Sie sind besonders für die Nutzung als eBook auf Tablet-PCs, eBook-Readern und Smartphones geeignet.

Essentials: Wissensbausteine aus den Wirtschafts, Sozial- und Geisteswissenschaften, aus Technik und Naturwissenschaften sowie aus Medizin, Psychologie und Gesundheitsberufen. Von renommierten Autoren aller Springer-Verlagsmarken.

Ulrich Leute

Elektrisch leitfähige Polymerwerkstoffe

Ein Überblick für Studierende
und Praktiker

Prof. Dr. Ulrich Leute
Ulm
Deutschland

ISSN 2197-6708 ISSN 2197-6716 (electronic)
essentials
ISBN 978-3-658-10538-9 ISBN 978-3-658-10539-6 (eBook)
DOI 10.1007/978-3-658-10539-6

Die Deutsche Nationalbibliothek verzeichnet diese Publikation in der Deutschen Nationalbibliografie; detaillierte bibliografische Daten sind im Internet über http://dnb.d-nb.de abrufbar.

Springer Vieweg

Gedruckt auf säurefreiem und chlorfrei gebleichtem Papier

Springer Fachmedien Wiesbaden ist Teil der Fachverlagsgruppe Springer Science+Business Media
(www.springer.com)

Was Sie in diesem Essential finden können

- Kunststoffe sind Polymerwerkstoffe, und die meisten Polymeren sind elektrische Nichtleiter. Wie kann man trotzdem solche Werkstoffe leitfähig machen?
- Konventionelle und neuartige Leitfähigkeitsadditive
- Elektrisch leitfähige Polymermoleküle
- Überblick über die Einsatzfelder elektrisch leitfähiger Kunststoffe

Vorwort

Ein Teil des Essentials basiert auf einem Buch des Autors (Leute 2014), das sich mit Kunststoffen und elektromagnetischer Verträglichkeit (EMV) beschäftigt. Bei den Anwendungen geht es beim Thema EMV natürlich um ESD (Electrostatical Discharge, siehe Abschn. 3.2) und Abschirmung (Abschn. 3.3). Kunststoffe, die in der Regel „von Haus aus" nicht elektrisch leitend sind, können nämlich störende, schädigende bis katastrophale Auf- und Entladungsphänomene hervorrufen. Und der Betrieb elektrischer und vor allem elektronischer Geräte innerhalb von Kunststoffgehäusen kann ohne Abschirmung nur recht eingeschränkt funktionieren, was durch Modifikation der Kunststoffe zu verbessern ist.

Auch im Buch werden Additive vorgestellt sowie ICP und IDP (Intrinsically Conductive Polymers bzw. Inherently Dissipative Polymers; siehe Essential, Abschn. 2.3). Dort wird zudem noch die Messtechnik zu den beiden EMV-Themen behandelt, was allerdings den Rahmen dieses Essentials sprengen würde.

Aber elektrisch leitfähige Kunststoffe können noch mehr. Die neuen Entwicklungen der polymeren bzw. organischen Elektronik auf den Gebieten Leuchtmittel, Displays (OLED-Fernseher!) und Solarzellen sind faszinierend. Sie werden diesem Essential vorgestellt.

Ulm   Prof. Dr. Ulrich Leute
7, Juli 2015

Inhaltsverzeichnis

„Erstes und wichtigstes Gebiet für diese Polymerwerkstoffe war die Elektroindustrie mit ihrem Bedarf an Isolationswerkstoffen." (G. Menges et al. 2002, S. 1)

Der Bedarf war groß, wenn man an die nur teilweise zuverlässigen Isoliermaterialien der frühen Elektrotechnik denkt (Pech, geteerter Hanf, Guttapercha, Kautschuk usw.). Und es ist auch chemisch leicht verständlich, warum Polymere in der Regel isolieren, also elektrisch kaum bis praktisch gar nicht leiten: Die Polymermoleküle bestehen aus vielen aneinander gebundenen, meist gleichartigen Atomgruppen (Monomeren). Die kovalenten Bindungen innerhalb der Monomere und zwischen ihnen sorgen dafür, dass alle äußeren Elektronen der Atome dort fest eingebaut sind, also fixiert und unbeweglich. Für elektrische Leitfähigkeit σ braucht man aber Ladungsträger (mit Ladung q) in ausreichender Zahl n (pro Volumen) und mit ausreichender Beweglichkeit μ (Driftgeschwindigkeit im Feld 1 V/m): $\sigma = q\, n\, \mu$.

Es gibt jedoch Einsatzfelder, wo man gerne die mechanischen und wirtschaftlichen Vorteile der Kunststoffe nutzen möchte (geringes Gewicht, Flexibilität, hohe Zähigkeit usw.; dann große Freiheit bei der Gestaltung des Kunststoffteils, günstige Herstellung in riesigen Stückzahlen usw.); dem Einsatz steht allerdings die Isolatoreigenschaft entgegen. Ein fast schon triviales, aber wirtschaftlich nicht unwichtiges Beispiel: Kunststoffflaschen für Sonnenschutzmittel werden beim Einräumen in die Regale eines Drogeriemarkts elektrostatisch aufgeladen, ziehen deshalb Staub an und werden von der Kundschaft verschmäht – wer kauft schon verstaubte Waren?

Wichtigere Gründe, Polymerwerkstoffe elektrisch leitfähig auszurüsten, sind wohl Sicherheit und Funktion von Kunststoffteilen. Die angesprochene elektrostatische Aufladung kann Produktionsprozesse bei Folien und Filmen stören, mikroelektronische Bauelemente zerstören und im Fall einer Funkenentladung

© Springer Fachmedien Wiesbaden 2015
U. Leute, *Elektrisch leitfähige Polymerwerkstoffe,* essentials,
DOI 10.1007/978-3-658-10539-6_1

Explosionen verursachen. Neue Funktionalität besitzen halb- oder gutleitende Polymere in der modernen organischen Elektronik und Optoelektronik.

Leitfähigkeit kann man Polymerwerkstoffen auf zwei Arten verleihen.

Man kann die Makromoleküle chemisch so verändern, dass sie selbst leiten (Intrinsically Conductive Polymers ICP, veröffentlicht durch Shirakawa et al. 1977 und mit dem Chemie-Nobelpreis 2000 ausgezeichnet). Ihre Leitfähigkeit kann Werte erreichen zwischen Quecksilber und Blei, orientiert und in Vorzugsrichtung gemessen, sogar zwischen Eisen und Aluminium (Basescu et al. 1987).

Oder, klassisches Verfahren in der Kunststofftechnik, man fügt Additive mit der gewünschten Qualität hinzu. Hier also leitfähige Additivpartikel in die nicht leitende Polymermatrix. Seit langer Zeit wird Ruß (Carbon Black) eingesetzt, später andere Additive, insbesondere auch Metallpartikel. Und erst vor gut zwei Jahrzehnten, nämlich in den 1990er Jahren, wurden leitende Nanoteilchen entdeckt, insbesondere die Kohlenstoff-Nanoröhrchen (Carbon Nano Tubes CNT; zuerst Iijima 1991, es werden aber auch wesentlich frühere Publikationen genannt).

Erwähnt werden soll schließlich die leitfähige, vor allem metallische Beschichtung von Kunststoffteilen, die aus üblichen, praktisch nicht leitenden Polymerwerkstoffen hergestellt wurden. Doch hier sind zwei Materialien beteiligt, der Polymerwerkstoff wird eigentlich nicht verändert und wird deshalb hier nicht dargestellt.

Wie macht man Kunststoffe leitfähig? 2

2.1 Herstellung leitfähiger Kunststoffe mit Additiven

Als erstes hat man sich klar zu machen, dass die elektrische Leitfähigkeiten von Polymeren, die als Matrix (Hauptbestandteil des Kunststoffs) genutzt werden sollen, sich von den Leitfähigkeiten der üblichen Leitfähigkeitsadditive um etliche Zehnerpotenzen unterscheiden. Es liegen wirklich „Welten" dazwischen, wie Tab. 2.1. zeigt.

Die kurze Tabelle zeigt Unterschiede zwischen ca. 16 und 22 Zehnerpotenzen; wenn man noch weitere Materialien dazu nimmt, kommt man vielleicht auf etwa 13 bis 24. Und daraus ist folgender Schluss zu ziehen: Die übliche Regel, „wenig hilft wenig, viel hilft viel" gilt nicht. Sie gilt, wenn die Unterschiede wesentlich kleiner sind (etwa bei Wärmeleitungsadditiven mit etwa 3 Zehnerpotenzen Unterschied zur Matrix), aber nicht hier.

Zugabe von Additivpartikeln (deutlich über Molekülgröße) in geringer Konzentration bringt praktisch nichts. Beinahe perfekt isolierte leitende Teilchen tragen zur Leitfähigkeit nicht bei, der Werkstoff hat praktisch die Leitfähigkeit der Polymermatrix. Dies ändert sich dramatisch, wenn die Additivteilchen so zahlreich sind, dass sie sich mit hoher Wahrscheinlichkeit untereinander berühren und so durch die Probe hindurchgehende Strompfade ausbilden. Die Leitfähigkeit steigt in einem schmalen Konzentrationsbereich um die so genannte „kritische Konzentration" KC um etliche Zehnerpotenzen (siehe Abb. 2.1), der spezifische Widerstand sinkt entsprechend.

Erhöht man die Additivkonzentration weiter, so bilden sich immer mehr durchgehende Strompfade, die parallel geschaltet sind. Die Leitfähigkeit steigt weiter, der spezifische Widerstand sinkt weiter, doch beides längst nicht so sprunghaft wie nahe an K_c. Die gesamten Kurven werden auch als **Perkolationskurven**

© Springer Fachmedien Wiesbaden 2015
U. Leute, *Elektrisch leitfähige Polymerwerkstoffe*, essentials,
DOI 10.1007/978-3-658-10539-6_2

Tab. 2.1 Elektrische Leitfähigkeit (= 1/spezifischer Widerstand) in 1/Ωm

PP, PC	$<10^{-15}$	Leitruß	ca. 10^{+3}
PS, PSU	$<10^{-14}$	Edelstahlfaser	10^6
ABS	$<10^{-13}$	Aluminium	$4\ 10^7$

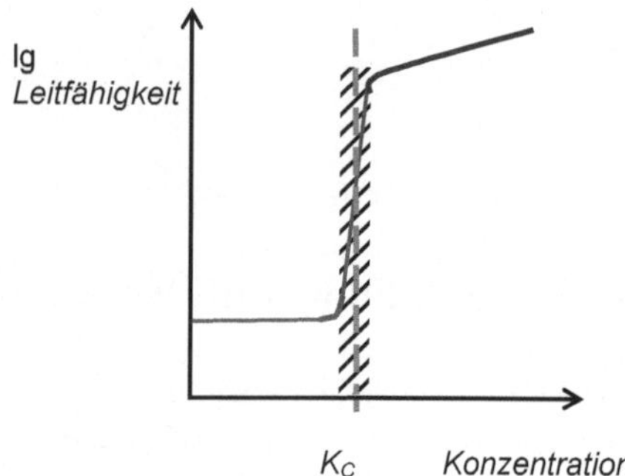

Abb. 2.1 Logarithmische Darstellung des Verlaufs der Leitfähigkeit σ als Funktion der Additiv-Konzentration (schematisch). Der spezifische Widerstand ist der Kehrwert der Leitfähigkeit

bezeichnet (von lat. percolare = durchsickern; ab K_c „sickert" Ladung durch die vorher undurchlässige feste Probe).

Welche Eigenschaften beeinflussen den Kurvenverlauf? Bei kleinen Konzentrationen links von der schraffierten Zone in Abb. 2.1 wird praktisch die Leitfähigkeit des Kunststoffs ohne Leitfähigkeitsadditiv angezeigt. Unterschiede in der Polymerchemie, dem Gehalt an Verunreinigungen, den sonstigen Additiven führen natürlich zu unterschiedlichen Leitfähigkeitswerten bei verschiedenen Kunststoffen – gering sind sie aber immer.

Die kritische Konzentration sollte in der Regel möglichst klein sein, denn Leitfähigkeitsadditive sind teuer und beeinflussen sonstige Eigenschaften des Kunststoffs oft negativ, von der Mechanik (z. B. Versprödung) bis zur Verarbeitung (z. B. Verstopfen enger Angüsse beim Spritzgießen). Schon lange (z. B. Biggs 1977) hat man herausgefunden, dass lange, dünne Fasern (Aspektverhältnis Länge zu Durchmesser L/D groß) aus gut leitendem Material und in Zufallsorientierung angeordnet, die höchste Kontaktwahrscheinlichkeit untereinander haben, also bei minimaler Konzentration schon Strompfade ausbilden können.

Am höchsten läge der kritische Konzentrationswert für kugelige Additivpartikel. Was aber nicht bedeutet, dass diese völlig indiskutabel sind. Leitkleber, also Duroplaste mit Silberpartikeln, müssen in der Elektronik sehr präzise in kleinsten Portionen aufgetragen werden; um durch feine Düsen der Dispenser fließen zu können, braucht es gute Fließfähigkeit, und die wird durch kugelige Partikel verbessert.

Auf die kritische Konzentration wirken noch mehr Einflüsse. Es kommt auf die Additivkonzentration in den Polymerbereichen an, die die leitenden Partikel enthalten. Nicht eingebaut werden Partikel in Volumenbereiche, wo schon andere Partikel sind. Das können Pigmente sein, Verstärkungsfasern oder -körner; auch vernetzte „Gummikugeln" (impact modifier) in schlagzähem Polystyrol, ABS u. a. Und schließlich passen Partikel auch nicht in die dicht gepackten Kristallbereiche von teilkristallinen Polymeren. Für durchgehende Strompfade ist aber nur die Konzentration in den mit Leitfähigkeitspartikeln gefüllten Polymerbereichen verantwortlich. So können z. B. Polymerwerkstoffe, die sich nur in der Kristallinität unterscheiden, verschiedene K_c-Werte aufweisen – die niedrigsten in Proben höchster Kristallinität.

Eine weitere Einflussgröße ist nicht allgemein zu beschreiben. Oben wurde schon angedeutet, dass bei Fasern und anderen anisotropen Teilchen die Zufallsorientierung optimal sei. Die ist bei wichtigen Verarbeitungstechniken wie dem Spritzguss von Thermoplasten aber kaum zu realisieren; Scherung richtet die Teilchen aus, die Kontaktwahrscheinlichkeit, vor allem quer zur Strömung, wird kleiner. Das Spritzgussteil erhält eine reduzierte und anisotrope Leitfähigkeit, wesentlich abhängig von der Teilegeometrie (z. B. geringe Wandstärke mit hoher Scherung) und den Verarbeitungsparametern (Einspritzgeschwindigkeit, Massetemperatur etc.).

Beim Spritzgießen kann auch das Problem inhomogener Additivkonzentration innerhalb des Teils auftreten. In Bindenähten kann die Konzentration geringer sein, in einer dünnen Oberflächenschicht ist sie verschwindend gering. Misst man bei einem fertigen Teil mit sanft aufgelegten Tastspitzen und niedriger Spannung, so findet man den Widerstand unendlich. Abfräsen von ca. 3/10 mm an der Oberfläche oder Einbohren der Spitzen liefern hingegen wenige Ohm, weil man jetzt den Additiv-haltigen Innenbereich kontaktieren kann.

Schließlich muss darauf hingewiesen werden, dass auf dem langen Weg zwischen Schnecke und zu füllender Kavität, der ja schnell unter sehr hohem Druck zurückzulegen ist, manche Arten von Additiv-Partikeln beschädigt werden (wohlbekannt von Glasfasern, die zerbrechen). Bei den Leitfähigkeitsadditiven kann die Form weniger vorteilhaft werden, die Kontaktwahrscheinlichkeit sinkt stark.

Die Leitfähigkeit bei Konzentrationen deutlich über der kritischen wird zusätzlich beeinflusst durch die Leitfähigkeit des Additivmaterials sowie den Widerstand zwischen den Partikeln beim Kontakt, und dies auch nach längerer Alterung. Für manche Metalle bedeutet manche Polymermatrix eine chemisch aggressive Umgebung.

2.2 Verschiedene Additive

Die folgende Vorstellung verschiedener Additive ist unvollständig, weil auf typische Beispiele beschränkt. Sie berücksichtigt nicht wirtschaftliche Aspekte, weil die neuartigen als Forschungs- und Versuchsprodukte zunächst sehr teuer sind, ihre Preise aber auch stark sinken können.

Teilweise schon lange eingesetzt sind Additive aus elektrisch leitfähigem **Kohlenstoff**. Früher wurde vom weit verbreiteten Mineral Graphit in Abb. 2.2 ausgegangen; ein C-Atom hat nur drei in Bindungen zu Nachbaratomen fixierte äußere Elektronen (sp2-Hybridisierung), das 4. äußere Elektron ist beweglich und taugt als Leitungselektron. Heute spricht man auch von einer einzelnen Schicht des Graphitkristalls, die **Graphen** genannt wird.

Das Mineral **Graphit** taugt als Leitfähigkeitsadditiv, ist aber wegen der Partikelgestalt (dicke Plättchen bis Kügelchen) nicht sehr effektiv, obwohl die anderen Graphiteigenschaften (z. B. Schmierfähigkeit) manchmal sehr erwünscht sind. Spezielle Herstellung führt zu besser wirksamen Cond-Graphite-Produkten, bei denen die Partikel leitfähig verbunden sind. So kann der spezifische Widerstand

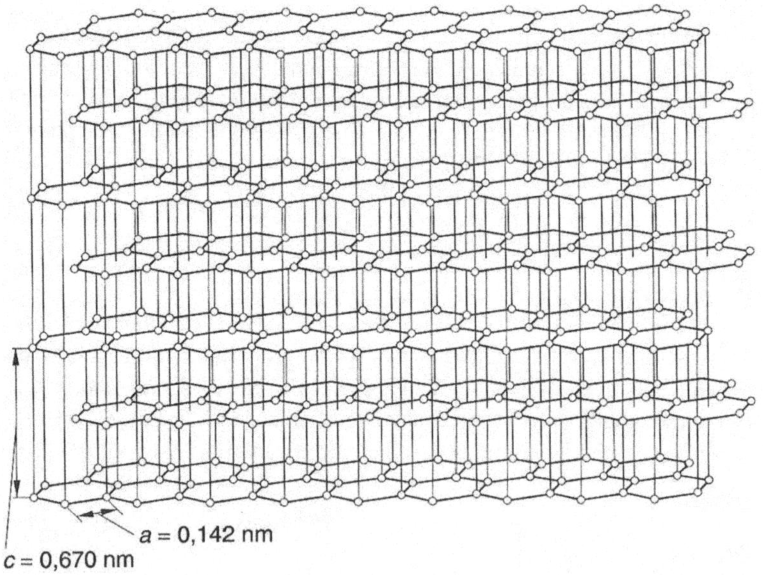

Abb. 2.2 Kristallstruktur von Graphit Die Größen a und c charakterisieren das Gitter: a ist der Atomabstand in einer Ebene, c der Abstand gleich angeordneter Gitterebenen

eines gefüllten Kunststoffs zwischen 15 und 30 % Füllgrad um etwa fünf Größenordnungen gesenkt werden (Graphit Kropfmühl).

Leitruß wird für den Bereich mäßiger Leitfähigkeit seit langem in großem Umfang eingesetzt. Was aber ist eigentlich Ruß? Im Deutschen wird die Bezeichnung für vielerlei Substanzen verwendet, vom schwarzen Schmutz im Kamin (engl. soot) bis zum technischen, ja hoch-technischen Produkt (engl. carbon black, was auch die deutschen Hersteller als Bezeichnung schätzen).

Ruß entsteht bekanntlich bei unvollständiger Verbrennung von Kohlenstoffverbindungen, z. B. in einem Ofen; wenn unter Ofen ein chemischer Reaktor zu verstehen ist, so entstehen Furnace-Ruße. In dieser Weise werden die allermeisten Ruße hergestellt, auch Standard-Leitfähigkeitsruße. Andere, sehr viel seltenere Verfahren produzieren Hochleitfähigkeitsruße.

Warum leitet Ruß? Ruß ist aus Primärpartikeln aufgebaut, in denen die C-Atome angeordnet sind wie in kleinen Graphit-Kristalliten. Und Graphit leitet ja (s. o.). Die Primärpartikel werden über stark gestörte Bereiche zu Aggregaten verknüpft. Das sind größere verzweigte, poröse Partikel.

Besonders wirksam sind Leitruße, die feinteilig, porös und hoch strukturiert sind. Gemessen wird das über die spezifische Oberfläche und die Ölabsorption. Damit kann nicht nur die Umgebung der Partikel mit Polymer gefüllt werden, sondern auch die Poren der Aggregate. Die Kontaktwahrscheinlichkeit zu einem Zweig des nächsten Aggregats ist hoch, die kritische Konzentration liegt auch ohne Faserstruktur niedrig. Bei einem mäßigen Leitruß in PP vielleicht bei 17 Gew.%, bei einem sehr guten bei 4 Gew.%. Und bei letzterem landet man mit 5 % schon bei einem spezifischen Widerstand von 1 Ωm (Wehner 13).

Randbemerkung Wenn rußgefüllte Kunststoffteile leiten wie Graphit, dann schreiben sie auch wie Graphit – was ja so etwas wie „schreibfähig" bedeutet und das schreibende Material im „Blei"-Stift ist (im England des 16. Jahrhunderts wurde die Ausbeute eines wichtiges Graphitvorkommens mit einem Bleimineral verwechselt). Schwach leitende Kunststoffteile, über die weißes Papier bewegt wird, sind mit Ruß nicht zu realisieren, sonst erscheinen Striche. Hier müssen Kohlefasern oder Edelstahlfasern eingesetzt werden.

Kohle- oder **Carbonfasern** (C-Fasern) sind natürlich vor allem bekannt für ihre mechanisch verstärkende Wirkung; gegenüber Glasfaser-verstärkten Kunststoffen besitzen Kohlefaser-verstärkte bei gleicher Konzentration beispielsweise einen doppelten oder mehr als doppelt so hohen Zug-E-Modul. Sie leiten aber auch elektrisch, denn bei der Herstellung aus PAN- oder Pechfasern entstehen Graphitähnliche Strukturen; ein Schritt heißt „Graphitieren". Die Dichte beträgt um 1,8 g/cm^3.

Kohlefasern kommen allerdings in verschiedenen Längen zum Einsatz. Im Leichtbau, etwa in der Flugzeug- und Automobilindustrie, werden einige bis viele Quadratmeter große Gewebe oder Gelege aus den Fasern mit Harz getränkt und zum Duroplast-Bauteil ausgehärtet. Natürlich gibt es auch jetzt Leitfähigkeit, doch das Hauptaugenmerk liegt hier auf den mechanischen Qualitäten. Der zweite Einsatz nutzt Fasern von 50 bis 500 µm (nach Verarbeitung) Länge bei ca. 10 µm Durchmesser. Eine sinnvolle Quelle für solche kurze Fasern ist übrigens der „Abfall" beim Leichtbau: Gewebe werden meist etwas zu groß in die Form eingelegt, die überstehenden Fasern werden abgeschnitten.

Kurze Kohlefasern werden oft mit anderen Additiven kombiniert (Glasfasern, mineralische Füllstoffe, Gleit- und Flammschutzadditive, Leitruß). Kohlefasern allein sind natürlich schwarz, die Kunststoffteile also nicht hell einfärbbar. Bei Spritzgießverarbeitung und kritischer Teilegeometrie kann die Leitfähigkeit inhomogen und isotrop sein; die steifen Fasern folgen eben den Strömungsverhältnissen. Bei C-Fasern als einzigem Additiv gibt es keinen schwarzen Abrieb wie bei Ruß (Reinraum, Papier-handling etc.); bei entsprechenden Anwendungen ist Ruß als weiteres Additiv nicht zulässig.

Graphen ist der Name für die fast ebenen und fast zweidimensionalen Anordnungen von Kohlenstoffatomen in Sechsecken. Man könnte diese Ebenen aufwickeln und erhielte dann Röhrchen wie in Abb. 2.3: Weil sie so klein sind, heißen sie **Kohlenstoff-Nanoröhrchen** (kleinste Durchmesser bis knapp 1 nm$= 10^{-9}$ m), englisch **Carbon Nanotubes CNT**. Falls einwandig SWNT (single wall wie in Abb. 2.3), falls mehrwandig MWNT (multiwall), falls genau zweiwandig DWNT (double wall).

CNT sind, je nach Wicklung (Winkel zwischen Wickelachse und Sechsecken), halbleitend oder sehr gut – metallisch – leitend. Und sie besitzen eine Länge von wenigen bis vielen µm, bei sehr spezieller Herstellung sogar einigen mm (was allerdings noch kaum nutzbar ist). Und das bei Durchmessern zwischen einem und einigen nm. Daraus resultiert ein Aspekt-Verhältnis L/D von etwa 1000 bis

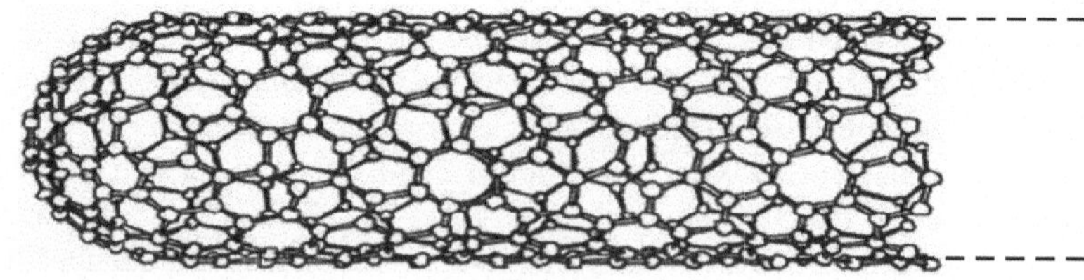

Abb. 2.3 Einwandiges Kohlenstoff-Nanoröhrchen. Der Durchmesser beträgt hier etwa 1,5 nm, zwei- und mehrwandige sind entsprechend dicker

zu etlichen Tausend. Verwendet man die metallisch leitenden CNT, so hat man ein potentiell sehr effektives Leitfähigkeitsadditiv.

Die Effektivität zeigt sich darin, dass Leitfähigkeit, also die Perkolationsstufe, schon bei der winzigen Konzentration von 0,04 Gew.% erreicht wurde. (Krause et al. 2010). Sie zeigt sich auch darin, dass man mit den tiefschwarzen CNT als Additiv durchaus transparente (Transparenz 90 % und mehr) und mäßig leitende (einige kΩ/sq) Folien realisieren kann, die sich auch noch biegen, ja knittern lassen (Sahakalkan 2013).

Fasern kann man natürlich auch aus **Metallen** herstellen, die ja alle anderen (üblichen) Materialien an elektrischer Leitfähigkeit klar übertreffen. Aber die Fasern müssen lang (ca. 10 mm) und dünn (ca.10 µm) sein, müssen dies auch nach Extrusion und Spritzgießverarbeitung bleiben. Zudem müssen die Kontakte zwischen den Fasern niederohmig bleiben, auch nach jahrelanger Alterung. Sie dürfen also praktisch nicht korrodieren. Mit der Polymermatrix müssen sie sich chemisch vertragen (Haftung etc.), und beim thermischen Recycling dürfen die Metalle nicht als Katalysatoren wirken, die zu toxischen Endprodukten führen.

Zur Erfüllung dieser Anforderungen haben sich vor allem **Edelstahlfasern** bewährt (siehe z. B. Pfeiffer 96). Dank relativ hoher Legierung (z. B. 18 % Chrom, 8 % Nickel u. a.) werden die Wünsche der Chemie erfüllt, dank hoher Duktilität und Festigkeit überstehen sie die Verarbeitung unbeschädigt. Vernünftig angeordnet, also halbwegs gerade gestreckt, werden sie allerdings nur, wenn sie als Langfasergranulat verarbeitet werden. Das bedeutet, dass zunächst Bündel aus sehr vielen parallelen Fasern mit Polymer imprägniert (Pultrusion) und dann in Pellets zerschnitten werden. Die Fasern haben somit die gleiche Länge wie das Granulatkorn. Zum Matrixpolymer, das natürlich zum Imprägnierungspolymer passen muss, wird das Fasergranulat direkt an der Spritzgießmaschine zugegeben. So entstehen bei einigermaßen schonender Verarbeitung Teile mit sehr wirksamer Faseranordnung.

Zugabe von reinen Fasern zum Polymer, auch Compoundierung des Gesamtkunststoffs mit späterem weiterem Aufschmelzen in der Spritzgießmaschine würde Verknäuelung der Fasern fördern, die Wirksamkeit der Anordnung stark reduzieren und die elektrische Leitfähigkeit erheblich verkleinern.

Noch höhere Leitfähigkeitswerte als mit den gerade beschriebenen Fasern kann man mit einer Additiv-Kombination erzielen; wobei ein sogenanntes **Plastik-Metall-Hybrid** entsteht (Dopper 14). Dritter Partner neben Polymer und Metallfaser ist ein Metall mit niedriger Schmelztemperatur, also eine Art Weichlot. Dieses ist schon flüssig, bevor das Polymer, etwa Polyamid, aufschmilzt. Durch das geschmolzene Lot wird erstens die Viskosität der gesamten Schmelze reduziert, und man kann wesentlich mehr Metallfasern zusetzen, als ohne Lot kunststofftechnisch noch verarbeitbar wären. Zweitens tendieren die Lottröpfchen dazu, dank passender Chemie der Fasern, nämlich Kupfer, beim Erstarren Lotverbindungen zwischen den Fasern auszubilden, also sehr gute und stabile Kontakte. Ein solcher Werkstoff leitet elektrisch wie ein schlecht leitendes Metall, etwa hoch legierter Stahl; es ist aber auch – für einen Kunststoff – gut Wärme leitend (5 W/m K).

2.3 Leitende Polymere

Natürlich ist die Zugabe von Additiven die klassische Methode der Kunststofftechnik, um dem Werkstoff vorher nicht vorhandene Eigenschaften zu verleihen. Eleganter wäre es aber doch, das Polymermolekül selbst mit der Eigenschaft „elektrische Leitfähigkeit" auszustatten. Das ist 1977 gelungen (siehe Kap. 1, Einleitung). Doch knapp eineinhalb Jahrzehnte später war die erste naive Begeisterung über Material mit Leitung mittels Elektronenbewegung (wie Metalle) bei geringer Dichte und thermoplastischer Verarbeitbarkeit (wie reine Polymere) stark zurückgegangen: „Die Goldgräberstimmung… ist durch eine wesentlich kritischere Einstellung … abgelöst worden" (Sauerer 1991).

Wie funktionieren elektrisch **selbstleitende Polymere** (Intrinsically oder Inherently Conductive Polymers **ICP**)? Zuerst muss in der Kette Einfach- und Doppelbindung aufeinander folgen (konjugierte Doppelbindungen). Von dieser Art gibt es zahlreiche mehr oder weniger komplizierte Polymermoleküle. Abbildung 2.4 zeigt als Beispiel die „Ursubstanz" Polyacetylen $(CH)_n$, an der die Leitung entdeckt wurde. Dann müssen durch Zugabe starker Oxidations- bzw. Reduktionsmittel Konjugationsfehler eingebaut werden. In der Abbildung fehlt unten die oben

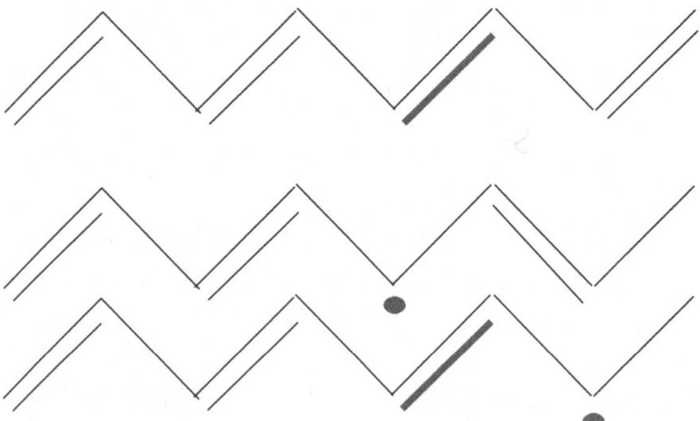

Abb. 2.4 Struktur eines Stücks Polyacetylenkette; oben ohne, Mitte mit Konjugationsdefekt, unten mit gewandertem Defekt

fett gezeichnete Doppelbindung. Da aber nur 1 Elektron dieser Bindung entfernt wurde, bleibt das zweite einzeln zurück. Weitere Konjugationsfehler sind denkbar.

Gut vorstellbar ist, dass unter der Kraftwirkung eines elektrischen Felds 1 Elektron aus der nächsten Doppelbindung zu dem Einzelelektron springt, wodurch an dieser Stelle wieder eine Doppelbindung entsteht; der Defekt, dem ja ein Elektron fehlte – der also eine positive Ladung trägt – wandert dadurch längs der Kette. (Animationsfilm in www.nobelprize.org)

Elektrische Leitfähigkeit dieser Art verursacht mehrere Eigenschaften. Zum Ersten absorbieren solche Materialien sehr gut sichtbares Licht (vgl. Kohlenstoff). In nicht extrem dünner Schicht sind sie schwarz, einige auch dunkelblau oder dunkelgrün.

Zum Zweiten können sich die Einzelelektronen eines Moleküls (Radikal) mit denen des Nachbarmoleküls zu einer Bindung zusammentun. Das Material wird vernetzt, also unschmelzbar und unlöslich. Was den Einsatz stark behindert: Er ist auf Folien, Schichten, Pulver, Dispersionen beschränkt. Und drittens ist bei etlichen Polymeren die Leitfähigkeit nicht stabil; sie nimmt, vor allem an Luft, im Laufe von Monaten kräftig ab.

Dennoch gibt es ICP, die durchaus in marktfähigen Produkten eingesetzt werden. Als möglicherweise am meisten eingesetztes wird hier das etwas komplexe System **PEDOT-PSS** (auch PEDT-PSS) vorgestellt. Kürzere Ketten (Oligomere) aus Polyethylendioxythiophen (Mitte in Abb. 2.5) werden an lange Ketten von Polystyrolsulfonsäure (oben in Abb. 2.5) angelagert (unten in Abb. 2.5).

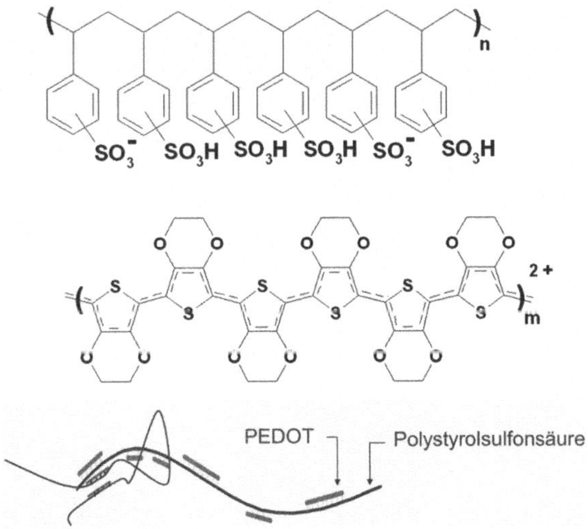

Abb. 2.5 Oben PSS, Mitte PEDOT, unten zusammengelagert (nach D. Gaiser, Fa. H.C. Starck, jetzt Heraeus)

Die beiden Ketten bilden „feste" Gel-Partikel von grob 50 nm Durchmesser in Wasser und anderen Lösungsmitteln, das System liegt also nicht als Lösung vor, sondern als Suspension. Aufgetragen wird die Suspension durch Spin-coating, slot-die coating, Tintenstrahl- und Siebdruck. Trocknen erfolgt anschließend durch Erwärmen. So entstehen sehr dünne und deshalb praktisch farblos transparente, Löcher-leitende Beschichtungen.

Seit mehreren Jahrzehnten gibt es auch leitfähige Polymersysteme, die als **IDP** bezeichnet werden (Inherently Dissipative Polymers). „Dissipativ" ist eine Leit-fähigkeitskategorie mit Leitfähigkeitswerten direkt über denen der isolierenden Werkstoffe; der Name bezeichnet also recht schwache elektrische Leitfähigkeit. Aber durchaus nützliche, denn solche Werte helfen, elektrostatische Aufladung zu vermeiden (siehe Abschn. 3.2). Es ist nicht Elektronenleitung längs der Kette wie bei ICP, sondern Ionenleitung neben der Kette, der dazu ein polarer Charak-ter verliehen wurde (Polyethylenoxid-Kettenstücke). Man muss etwa 10 bis 30 % des IDP-Polymers in ein Matrixpolymer einmischen; es entstehen gegenseitig sich durchdringende Phasen (co-continous phases, interpenetrating networks). Reizvoll ist, dass man die Werkstoffe auch hell einfärben kann. Die häufigen rußgefüllten Teile im Elektronik-Umfeld, wo Aufladung besonders gefürchtet wird, sind eben schwarz; Teile mit IDP können leuchtend Gelb oder Hellrot sein.

Wozu braucht man leitfähige Kunststoffe?

3

3.1 Starkstrom

Das vom Kunststoff-Verbrauch her größte Anwendungsfeld ist die **Starkstrom-technik**. Als Beispiel sei hier nur die **Leiterglättung** beschrieben. Mittel- oder Hochspannungskabel transportieren den Strom in einem Seil aus Metalldrähten (meistens Kupfer), darum herum befindet sich die Isolation (oft ein praktisch nicht leitender Kunststoff), dann der Mantel. Um eine gewisse Flexibilität zu ermöglichen ist der Durchmesser der Drähte nicht sehr groß; man kann auch sagen, ihr Krümmungsradius ist klein, ihre Krümmung groß. Über stark gekrümmten Oberflächen unter elektrischer Spannung ist aber bekanntlich die elektrische Feldstärke besonders groß, und diese strapaziert das Isolationsmaterial. Es muss deutlich mehr aushalten, als der angegebenen Spannung entspricht. Also wird bei der Kabelherstellung im Extruder um das „Drahtseil" zunächst eine dünne Schicht leitfähiger Kunststoff (mit Graphit oder Ruß) aufgetragen; der Leiter (Seil plus Schicht) hat jetzt einen wesentlich größeren Krümmungsradius und die in die Isolation wirkende Feldstärke ist wesentlich reduziert. Eine ähnliche Anwendung ist die **Potentialsteuerung**, bei der ein halbleitender Kunststoffschlauch kurz vor Kabelende stark erhöhte Feldstärken verhindert.

© Springer Fachmedien Wiesbaden 2015
U. Leute, *Elektrisch leitfähige Polymerwerkstoffe,* essentials,
DOI 10.1007/978-3-658-10539-6_3

3.2 Elektrostatische Aufladung

Polymerwerkstoffe weisen als Isolatoren Triboelektrizität auf, also Reibungsaufladung. Wobei Reibung im Sinne von Relativbewegung zweier Teile nicht notwendig ist, es genügt inniger mechanischer Kontakt mit anschließender Trennung, um Kunststoffteile aufzuladen.

Natürlich ist Aufladung plus (Funken-) Entladung (**Electrostatic Discharge ESD**) ein sehr altes Problem; man denke an Pulverkammern auf alten Kriegsschiffen, Grubengas- oder Kohlenstaubexplosionen in Bergwerken. In den letzten Jahrzehnten kamen aber die miniaturisierten elektronischen Bauteile dazu, die oft nahe an Kunststoffen und durch deren Aufladung gefährdet sind. Hier gibt es zwei Szenarien.

Ein Teil oder eine Person wird irgendwie aufgeladen (eine über Teppichboden gehende Person kann es auf 35.000 Volt bringen). Kommt es oder sie in die Nähe eines mikroelektronischen Bauelements, so wirkt das die elektrische Ladung umgebende elektrische Feld in die Schaltung hinein. Noch stärker wirksam ist direkter Kontakt, bei dem die hohe Spannung auf einen Kontakt übertragen wird. Man stelle sich vor, viele Volt werden z. B. an die Gateelektrode eines MOS-Transistors (Metall-Oxid-Silizium) gelegt. Das hält das eigentlich hoch durchschlagsfeste Oxid (>1 GV/m $=1$ V/nm) nicht aus, weil es oft nur knapp 10 nm dick ist, also bei wenigen Dutzend Volt durchbricht.

Der zweite Schädigungsmechanismus ist der möglicherweise sehr hohe Strom bei der Entladung (Electrostatic Discharge). Zwar ist die Ladungsmenge gering, wenn sie aber in ganz wenigen Nanosekunden durch die Schaltung fließt, so kommen 50 oder noch mehr Ampere zustande. Und das erwärmt die winzigen Strukturen dramatisch: Leiterbahnen verdampfen, Halbleiterstrukturen zerschmelzen.

Gegen das Phänomen Aufladung hilft Leitfähigkeit aller in der Nähe von Elektronik befindlichen Teile und Personen, die zu erden sind. Dann fließt beginnende Aufladung sofort zu Erde ab. Wenn aber von außen Ladung in die Nähe gebracht wird, so soll diese nicht schnell abfließen können (Stromstärke!), sondern nur über hohe Widerstände (weiche Erdung).

Vom Kunststoff gefordert ist also sehr geringe bis geringe elektrische Leitfähigkeit. Definiert wird dies über einige Begriffe sowie Werte des spezifischen Widerstands und des leichter zu messenden, aber schwer im Detail zu verstehenden Oberflächenwiderstands:

Elektrostatisch dissipativ/ableitfähig 10^9 Ωm $> \rho > 10^3$ Ωm

Elektrostatisch leitfähig 10^3 Ωm $> \rho > 1$ Ωm

Realisiert wird der besser leitende Bereich gerne mit dem wirtschaftlichen Ruß/ Carbon Black, auch mit Kohle- oder Stahlfasern etc., beim schwächer leitenden kommen auch IDP zum Einsatz. Zu betonen ist, dass die leitfähige Ausrüstung konsequent durchgeführt werden muss: Bekleidung und Schuhwerk, Mobiliar, Werkzeuge, Büroutensilien bis hin zu Namensschild, Verpackung usw. Die ganze derartig ausgerüstete Räumlichkeit heißt **EPA** = Electrostatically Protected Area.

Sehr dünne und damit transparente Schichten aus PEDOT/PSS-Suspension sind nützlich bei einem speziellen ESD-Problem. Filmmaterial für Kameras wird immer noch dank der Qualität der Bilder in erheblichem Umfang eingesetzt. Wickelt man einen belichteten, aber noch nicht entwickelten Film von seiner Spule ab, so kann es zu Entladungen kommen; das Filmmaterial nimmt zusätzlich zum Bild kleine Blitze auf. Antistatische und transparente Beschichtung verhindert dies.

3.3 Elektromagnetische Abschirmung

Im Folgenden wird aus Gründen der Anschaulichkeit überwiegend von Schirmgehäusen gesprochen; das Gesagte gilt aber ebenso für kleinere Schirme im Innern größerer Gehäuse.

Als elektronische Schaltungen noch in Metallgehäusen untergebracht waren, gelangten elektromagnetische Störungen (**Electromagnetic Interferencies EMI**), also elektrische und magnetische Felder sowie elektromagnetische Wellen, kaum durch die Gehäusewand von innen nach außen oder von außen nach innen zur Schaltung. Zu beachten und abzusichern waren allerdings stets Aperturen im Schirmgehäuse, also Öffnungen für Skalen, Displays, Schalter, Leitungen, Kühlluft usw.

Gehäuse aus „üblichen" Kunststoffen bieten nun einige wichtige Vorteile wie geringes Gewicht, Designfreiheit, wirtschaftliche Herstellung in großen Stückzahlen. Aber sie lassen elektromagnetische Störungen praktisch ungeschwächt durch. Zum Verständnis betrachten wir die Mechanismen der Abschirmung.

Gegen statische bis mittelfrequente **elektrische Felder** helfen leitfähige Wände. Die Felder verschieben dort Ladungen so, dass im Innern ein Gegenfeld aufgebaut wird, welches das äußere Störfeld stark schwächt bzw. völlig kompensiert (statisch).

Statische oder niederfrequente **Magnetfelder** brauchen weichmagnetische, hoch permeable Wandmaterialien, und die gibt es auf Kunststoffbasis nicht. Wirklich hohe Füllgrade magnetischer Partikel bringen eine relative Permeabilität von 10, 20 oder etwas mehr, unter „hoch" permeabel versteht man aber Tausende bis 100 000 und mehr.

Magnetische Wechselfelder mittlerer und höherer Frequenz kann man allerdings auch ohne die schwierige Permeabilität, nur mit leitfähigen Polymerwerkstoffen abschirmen. Das Wechselfeld induziert auf dem Schirm einen Wirbelstrom, der ein schwächendes Gegenfeld (Lenzsche Regel!) zur Folge hat.

Die Schwächung **elektromagnetischer Wellen** ist beinahe „optisch" zu erklären. Aus Luft mit der Impedanz (Wellenwiderstand) 377 Ω trifft die Welle auf die Wand, wo sich die Impedanz sprunghaft ändert. Also wird ein Teil reflektiert, die Welle verliert Energie durch Reflexionsdämpfung. Im Wandinnern mit seiner Leitfähigkeit verursacht das elektrische Feld Verlustströme (Absorptionsdämpfung), beim Austritt aus der Wand tritt noch einmal Reflexionsdämpfung auf.

Leitfähige Kunststoffe zeigen demnach in 3 von 4 Fällen Abschirmwirkung, also nutzbare Schirmdämpfung. Für gleiche Werte dieser Schirmdämpfung braucht man gegen magnetische Wechselfelder die höchsten Werte der Leitfähigkeit, mittlere für Wellen und die geringsten für die elektrischen Felder.

Das macht folgende Warnung verständlich: Wird von einem Kunststoff behauptet, seine Schirmdämpfung habe einen bestimmten Wert, so ist nachzufragen, in welchem (durch Sender und Antennen bestimmten) Feldtyp gemessen wurde. Beeindruckend hohe Werte in einer elektrischen Nahfeldmessung zu erzielen ist nicht schwierig! Ein und dieselbe Probe kann bei einer mittleren Frequenz drei verschiedene Schirmdämpfungswerte aufweisen: einen großen im elektrischen Nahfeld, einen mittleren im Fernfeld der Welle und einen kleinen im magnetischen Nahfeld. Oder zwei bei tiefer Frequenz (nur Nahfelder), oder einen bei hoher Frequenz (nur Welle). Und die Werte sind frequenzabhängig – Ausnahme Fernfeld.

Kurze Erklärung der Begriffe: Wellen gehen von Antennen aus, in deren näherer Umgebung aber noch keine Welle ausgebildet ist, sondern das vom Antennentyp (z. B. Stab- oder Rahmenantenne) bestimmte Nahfeld (im Beispiel elektrisches oder magnetisches Feld). Erst in etwas größerer Distanz kommt die elektromagnetische Welle zustande.

Erwünscht bzw. notwendig sind für Abschirmzwecke in der Regel möglichst gut leitende Kunststoffe, also z. B. solche mit Stahlfasern in hoher Konzentration. Werden zusätzliche Fähigkeiten benötigt, so kann eine mäßige Abschirmung akzeptabel sein, wenn z. B. bei der Schirmung von Fenstern Transparenz ermöglicht wird (vgl. Abschnitt 2.2 CNT und 2.3 PEDOT-PSS).

3.4   Leiter, Heizleiter, Leiterbahnen

Aus den gut leitenden Kunststoffen kann man natürlich auch **Stromleiter** herstellen, etwa aus dem Plastik-Metall-Hybrid von Abschn. 2.2. Nicht gerade für Starkstrom, aber z. B. für 12 V im Automotive-Bereich. Wenn leitende Teile von komplizierter dreidimensionaler Geometrie in großer Stückzahl benötigt werden, ist Spritzgießherstellung eine interessante Möglichkeit.

Natürlich entwickelt Strom auch Wärme, vor allem wenn der Leiter nicht sehr niederohmig ist. Abbildung 2.1 gestattet für Heizzwecke eine hübsche Anwendung im **selbstregelnden Heizleiter** bzw. Heizelement.

Damit Strom fließt, muss der gefüllte Kunststoff in der Perkolationskurve rechts von der kritischen Konzentration K_C positioniert sein. Aber für unseren Zweck nur wenig rechts! Jetzt trete ein elektrischer Fehler oder unzureichende Wärmeabfuhr auf, sodass der Leiter zu viel Strom führt, heiß wird und die Polymermatrix schmilzt. Das heißt nun nicht, dass das Heizelement davon fließt – das Material wurde nämlich mäßig vernetzt (chemische Verbindung zwischen Polymerketten); zudem sind Kunststoffschmelzen äußerst zäh. Was aber passiert ist die Ausdehnung der Polymermatrix auf das größere Volumen im Schmelzzustand. Die Additivteilchen bleiben aber praktisch unverändert. Damit ändert sich die Konzentration Additivmasse/Polymervolumen, sie sinkt. Bei richtiger „Einstellung" bis unter K_C, so dass das Material fast nichtleitend wird: Der zu große Strom wird abgeschaltet; Strom fließt erst wieder, wenn die Temperatur ausreichend gesunken ist. Das bedeutet Selbstregelung der Temperatur; man kann so auch Sicherungen bauen, die sich nach dem Fehler unbeschädigt wieder einschalten.

Basis von elektronischen Geräten sind bestückte Leiterplatten, auf denen die Komponenten aufgelötet sind. Wie es das Wort „Platte" sagt, sind sie zweidimensional. Aber zweidimensionale Leiterplatten taugen heute nicht mehr überall als Schaltungsträger. So sollen über 50 % aller Smartphones in 2015 dreidimensionale Schaltungsträger enthalten. Die herkömmlichen Strukturierungsverfahren brauchen aber ebene Platten.

Der dritte Begriff in der Überschrift von Abschn. 3.4 (Leiterbahn) muss aus dem gefüllten Kunststoff erst „herauspräpariert" werden. werden. Im Spritzguss wird der dreidimensionale Träger hergestellt (**MID Molded Interconnect Device**). Das Polymermaterial enthält als Additiv große organische Molekülkomplexe, die selbst nicht leitfähig sind. Sie besitzen aber auch Metallatome. Ein Laser im Nahen Infrarot erhitzt Polymer und Komplexe, letztere zerbrechen und zurück bleibt in der „Spur" des Laserstrahls eine aufgeraute Kunststoff-Oberfläche mit Metallatomen (**LDS Laser Direktstrukturierung**). Weil für Laserstrahlen keine Fokussierung nötig ist, spielt es keine Rolle, ob die Spuren „weiter oben in der dritten Dimension" oder „weiter unten" gebildet werden sollen. Neben der Spur gibt es keine Leitfähigkeit, in der Spur schon. Diese Spuren werden dann chemisch mit Kupfer verstärkt, und die dreidimensionale Leiterbahnstruktur ist nutzbar.

3.5 Polymere/Organische Elektronik

Aus Polymeren einschließlich der selbstleitenden Polymere kann man alle relevanten Strukturen der Elektronik herstellen. Nichtleitende Polymere als Substrate, Isolationen, Dielektrika; halbleitende – sowohl Elektronen- wie Löcher-leitende – als die funktionalen Bereiche der Halbleiterelektronik; gut leitende als Leiterbahnen, Kontakte und Elektroden sowie gut leitende in dünnster Schicht als transparente Elektroden. Dazu kommen halbleitende Polymere, die Elektrolumineszenz aufweisen, also bei Elektrizitätszufuhr Licht emittieren, sowie ihre Gegenstücke, die bei Lichteinstrahlung Strom und Spannung liefern. Vorgestellt wird hier eine Auswahl verschiedener Anwendungsfelder.

Auf diese Art realisierte Schaltungen nannte man „polymere" Elektronik. Seit man feststellte, dass in manchen Fällen auch etwas kleinere organische Moleküle gut einsetzbar sind (z. B. Pentacen $C_{22}H_{14}$ mit seinen konjugierten Doppelbindungen), wurde auch der Name „organische" Elektronik eingeführt; Polymere gehören ja auch zur organischen Chemie. Englisch spricht man von „plastics electronics".

Organische Elektronik will nicht mit Silizium-Elektronik konkurrieren. Dort wird mit winzigen Strukturen gearbeitet (14 nm in 2015), was sehr hoch integrierte, schnelle und verlustarme Schaltkreise ergibt, die allerdings nur sehr aufwändig und damit nicht kostengünstig herzustellen sind.

Anders bei der organischen Elektronik: Schichten können einfach aufgetragen werden, Strukturen auch durch Drucktechniken. Damit können sehr kostengünstige Schaltungen, die auch nicht klein sein müssen, zum Beispiel auf eine Verpackung aufgebracht werden – klassische Beispiele sind Joghurtbecher oder mit Salatblättern gefüllte Plastikbeutel. Die Schaltungen können als RFID realisiert werden (Radio Frequency IDentification, also Funkerkennung eines Produkts), oder sogar Informationen enthalten wie Herstellungsdatum, Lagerungsbedingungen, Kühlkette usw. Ein aufgedruckter Temperatursensor kann z. B. Informationen zur aktuellen Temperatur liefern, die eine aufgedruckte Anzeige anzeigt.

Wichtig für solche und weitere Anwendungen ist die Eigenschaft, dass sowohl das Substrat (Polymer-Trägerfolie) wie auch die Schaltung deformiert werden können, sie sind in erheblichem Maß flexibel. Bei den transparenten leitfähigen Schichten (in Displays etc.) macht das klassische Material ITO (Indium-Tin/Zinn-Oxid), aufgetragen auf PET-Folie, Krümmungen nur bis herunter zum Krümmungsradius 8 mm mit (Paetzold 2003). Dann bricht das Material und der Widerstand steigt etwa um den Faktor 1.000. PEDOT-PSS-Schichten gestatten kleinere Radien. Damit kann man transparente und wirklich flexible Beschichtungen oder Elektroden realisieren.

Abb. 3.1 Aufbau einer OLED (schematisch). Siehe Text.

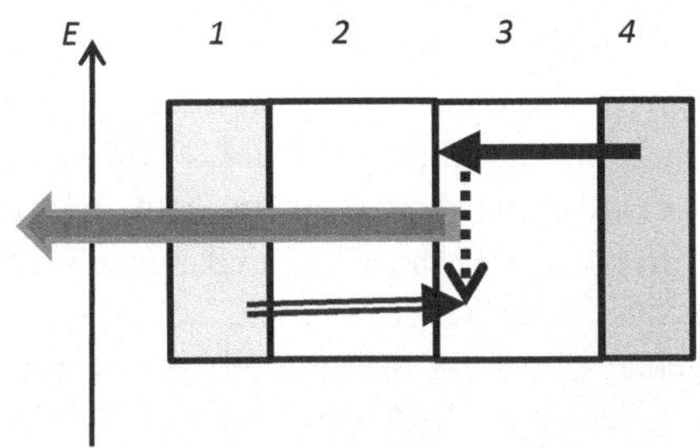

Das wohl populärste Produkt ist unter dem Namen **OLED** bekannt – O wie organisch. Das Prinzip ist verwandt mit dem der anorganischen, aus Halbleiterteilen bestehenden Licht-emittierenden Dioden LED.

In Abb. 3.1 schickt eine transparente Anode (1) Löcher in eine dünne Löcher-leitende Polymerschicht (2). Von der anderen Seite schickt eine Kathode (4) Elektronen in eine Elektronen-leitende Polymerschicht (3). Dort, wo diese Schicht an (2) grenzt, kommt es zur Rekombination unter Lichtaussendung. Der chemische Aufbau von (3) bestimmt so etwas wie die Bandstruktur und damit das abgestrahlte Spektrum. Das Licht verlässt den Schichtstapel durch (2) und (1); auch (2) lässt sichtbares Licht durch. Das Reizvolle ist (Schichten!), dass ein **flächiger Strahler** entsteht im Gegensatz zur anorganischen LED, bei der der ganze Chip meist um 1 mm groß und damit Punktstrahler ist.

Die Effizienz von OLEDs hat sich innerhalb weniger Jahre gesteigert, von unter 20 lm/Watt bis 100 lm/W Ende 2014. Die realisierbaren Flächen werden immer größer, sie sind extrem dünn (alle funktionalen Schichten zusammen unter 1 µm), und sie sind flexibel, also auf nahezu beliebig geformte Träger aufbringbar. Bei geeignetem Träger sind sie oft auch transparent (gut durchsichtig in ausgeschaltem Zustand, mäßig in eingeschaltetem). Die Lichtfarbe bzw. die Farbtemperatur sind bei manchen Konstruktionen einstellbar: zwei Leuchtschichten für die Kompensationsfarben Gelb und Blau geben als Mischfarbe eine Art Weiß. Eher gelbliches Weiß mit Farbtemperatur 3.500 K, wenn Gelb etwas überwiegt. Überwiegt Blau, so erhält man ein kaltes Weiß mit vielleicht 6.500 K. Drei Schichten mit den Farben Rot, Grün, Blau machen viele Farben einstellbar.

Damit liegt der Einsatz im Bereich anspruchsvoller Design-Beleuchtung nahe; aber auch im Automotive-Bereich wird intensiv entwickelt.

Bisher waren die Elektroden flächig. Man kann sie aber strukturieren, und zwar so weit, dass nur einzelne kleine Bildelemente (Picture-Elements = Pixel) angesteuert werden und aufleuchten. Damit sind Displays realisierbar.

Zunächst kleine, langsame, einfarbige, z. B. für Handys. Langsam, weil Passiv-Matrix-Beschaltung verwendet wurde, bei der die Pixel-Ansteuerung nur vom Rand aus erfolgte (PMOLED). Möglich sind aber auch Active-Matrix (AMO-LEDs)-Displays mit einem Transistor pro Subpixel (3 oder 4 Subpixel in den Farben Rot, Grün, Blau, evtl. noch Weiß, bilden 1 Pixel); jetzt können die Pixel schnell angesteuert werden. Solche Displays erregen seit etwa 2010 großes Aufsehen. Nicht nur für Smartphones, sondern auch für Fernsehgeräte.

Gegenüber herkömmlichen LCD-Displays (Liquid Crystalline) besitzen OLED Displays mehrere Vorteile:

Sie sind einfacher Beim LCD entsteht das Licht, das ein Pixel zum Leuchten bringen soll, weiß in einem flächigen Backlight, geht durch einen Polarisator, dann durch eine ITO-Elektrode auf einer Glasscheibe, die auf der anderen Seite eine alignment layer trägt (Anfangsausrichtung der Flüssigkristall-Stäbchenmoleküle durch gebürstetes Polyimid); dann ein Stückchen Weg durch flüssigkristallines Material, dann durch die zweite Scheibe mit alignment layer innen und ITO-Beschichtung außen; es folgt der zweite, gekreuzte Polarisator, dann der Farbfilter. Das sind insgesamt mindestens elf funktionale Schichten. Diese ganze, sogar als einfach geltende twisted-nematic-Zell-Anordnung ist gepackt zwischen einem undurchsichtigen Träger hinter dem Backlight und einer Glasscheibe vorn.

Beim OLED braucht man nach dem Träger (nicht notwendig transparente) strukturierte Elektroden, dann die zum Leuchten befähigten Schichten, dann transparente Elektroden und einen vorderes, transparentes Gegenstück zum Träger.

Sie geben „Farben" besser wieder, insbesondere Schwarz. Beim LCD wird das weiße Backlight auch durch „geschlossene LC-Lichtventile" nicht völlig ausgelöscht. LED-Backlights kann man zwar hinter dunklen Bildstellen dimmen, doch sind LEDs viel größer als Pixel, was die Wirkung unscharf macht. Wenn hingegen beim OLED Pixel nicht angesteuert werden, dann ist der Bildschirm an diesen Stellen satt schwarz.

Sie sind schneller Im LC-Ventil müssen die Stäbchenmoleküle beim Schalten umgelagert werden; das benötigt ein paar ms (früher gut 20 ms, was zu unscharfen schnellen Bewegungen führte; heute < 10 ms). OLEDs reagieren in etwa 1 µs.

Offenbar kann man **OLED-Fernseher auch größer** bauen: Vorgestellt sind Geräte mit 2,70 m Bildschirmdiagonale (CES 1/2015), auf den Markt kommen solche mit knapp 2 m (77"). Daher soll auch die Auflösung erhöht werden: Von HDTV (1920×1080 Pixel) auf die vierfache Pixelzahl 4 K (3840×2160) oder gar 8 K (K hat hier nichts mit Kelvin zu tun).

Und solche Displays brauchen **nicht einmal eben** zu sein. Es gibt sowohl bei Smartphones wie auch bei 2 m-Fernsehern leicht gekrümmte Display-Flächen. Und die großen kann man sogar per Fernbedienung eben oder gekrümmt einstellen.

Solarzellen der **Organischen Photovoltaik** verwenden ein ganz ähnliches Prinzip wie die anorganischen, z. B. die Silizium-Zellen. Nur die Chemie und daher so etwas wie die Bandstruktur der beteiligten Materialien ist wesentlich komplexer und soll hier nicht dargestellt werden (siehe z. B. Brabec et al. 2014). Ein Lichtquant passender Energie produziert ein Exciton, also ein fest gekoppeltes Elektron-Loch-Paar. Nach Diffusion wird es von einem elektrischen Feld zerrissen, oft an der Grenzfläche verschiedener Schichten. Dann können die Ladungsträger abfließen.

Die Vorzüge sind zunächst die von organischer Elektronik bekannten. Die Herstellung kann z. B. über Bedampfen oder die preiswerte und wenig Energie verbrauchende Rolle zu Rolle Drucktechnik erfolgen; wegen der extrem dünnen Schichten braucht man auch sehr wenig aktives Material. Da die Zellen auf flexiblen Trägerfolien realisierbar sind, sind flexible, etwa in Gebrauchsgegenstände (z. B. Handtaschen) integrierte Solarzellen machbar.

Reizvoll ist, dass bei Verwendung von ausschließlich transparenten Elektrodenschichten flächige transparente Solarzellen-Folien entstehen, die man z. B. auf Fensterscheiben anbringen kann: Etwa 40 % des Lichts geht nach innen durch, das „Fenster" produziert aber auch Strom.

Die letzte Anwendung hat verständlicherweise einen mäßigen Wirkungsgrad; gut 7 % der Lichtleistung wird in elektrische Leistung umgewandelt (Zellwirkungsgrad). Nicht transparente Zellen, bringen (2014) schon 12 % (Daten der Fa. Heliatek). Aber zum Wirkungsgrad ist zu sagen, dass die wirklich hohen Zahlenwerte anorganischer Zellen über 40 % nur mit sehr aufwändigen Halbleiterkonstruktionen zu erzielen und eigentlich nur für Raumfahrt etc. sinnvoll sind. Die 12 % liegen nur wenige Prozent unter dem Wirkungsgrad der am meisten verbreiteten Zellen aus polykristallinem Silizium. Durch geeignete Schichtenkombination lassen sich zudem Tandem-Zellen realisieren, also zwei Zellen aus verschiedenen Materialien hintereinander. So kann ein größerer Teil des Sonnenspektrums absorbiert werden.

Was Sie aus diesem Essential mitnehmen können

- Elektrisch leitfähige Kunststoffe kann man auf unterschiedliche Weise in einem sehr weiten Leitfähigkeitsbereich herstellen, wobei die Leitfähigkeit in der Regel an das Einsatzgebiet angepasst werden kann.
- So erhält man Stromleiter, selbstregelnde Heizleiter, dreidimensionale Leiterbahnen. Gegen elektrostatische Aufladung schützen mäßig leitende Kunststoffteile, gegen elektromagnetische Beeinflussungen gut leitende Kunststoffschirme.
- Polymere oder organische Elektronik ermöglicht innovative Lichtquellen und Displays (OLED) sowie Photovoltaik-Zellen mit durchaus vernünftigem Wirkungsgrad.

© Springer Fachmedien Wiesbaden 2015   23
U. Leute, *Elektrisch leitfähige Polymerwerkstoffe,* essentials,
DOI 10.1007/978-3-658-10539-6

Literatur

Basescu, N., Liu, Z.-X., Moses, D., Heeger, A.J., Naarmann, H., Theophilou, N.: Nature. **327**, (1987)

Biggs, D.M.: Conductive polymeric compositions. Polym. Eng. Sci. **17**(12), 842 (1977)

Brabec, C., Scherf, U., Dyakonov, V. (Hrsg.): Organic photovoltaics: materials, device physics, and manufacturing technologies, 2. Aufl., S. 642. Wiley-VCH, Weinheim (2014)

Dopper, E.: Schulatec TinCo, TAE-Symposium „Elektrische leitende Kunststoffe" Mai (2014)

Iijima, S.: Nature. **354**, 56 (1991)

Krause, B., Ritschel, M., Täschner, C., Oswald, S., Gruner, W., Leonhardt, A., Pötschke, P.: Comparison of nanotubes produced by fixed bed and aerosol-CVD methods and their electrical percolation behaviour in melt mixed polyamide 6.6 composites. In: Composites science and technology, vol. 70, Heft 1, S. 151–160. (2010). doi:10.1016/j.compscitech.2009.09.018

Leute U.: Kunststoffe und EMV. expert-verlag, Renningen (2014), 3. neu bearbeitete Aufl

Menges, G., et al.: Werkstoffkunde Kunststoffe, S 1, 5. Aufl., Hanser, München (2002)

Heuser, R.K., Henseler, D. et al.: Appl.Phys.Lett. **82**,3342 (2003)

Pfeiffer, B., Vortrag über Celstran, S.: TAE Esslingen: „Elektrische leitende Kunststoffe" Mai (1996)

Sahalkakan, S.: Fraunhofer IPA; TAE-Symposium „Elektrische leitende Kunststoffe" (2013)

Sauerer, W.: Elektronisch selbstleitende Polymere. Kunststoffe. **81**, 694 (1991)

Shirakawa, H., Louis, E.J., McDiarmid, A.G., Chiang, C.K., Heeger, A.J.: J Chem Soc Chem Comm. 579 (1977)

Wehner G.: Conductive Carbon Black und andere Pigmente für leitfähige Kunststoffe, TAE-Symposium „Elektrische leitende Kunststoffe" (2013)

© Springer Fachmedien Wiesbaden 2015

U. Leute, *Elektrisch leitfähige Polymerwerkstoffe,* essentials,

DOI 10.1007/978-3-658-10539-6